上海市老年教育推荐用书

上海市老年教育教材研发中心

老年人智慧生活

进阶篇

上海教育出版社

SHANGHAI EDUCATIONAL
PUBLISHING HOUSE

本书编委会

主　编：马　维

副主编：韩　雯　尹　娜

编　委：赵　华　吴如如　李　菲

前言

　　教材之于教育，如根之于树。上海市老年教育推荐用书就是坚守这样一份初心，通过一批又一批的优秀教材，让老年教育这棵大树向下扎根、向上生长。

　　多年以来，在上海市学习型社会建设与终身教育促进委员会办公室、上海市教委终身教育处和上海市老年教育工作小组办公室的指导下，由上海市老年教育教材研发中心牵头，联合有关单位和专家共同研发了系列上海市老年教育推荐用书。该系列用书秉承传承、规范、创新的原则，以国家意志为引领，聚焦地域特色，凸显新时代中国特色、上海特点，旨在打造老年教育精品化、优质化学习资源，引领并满足老年人的精神文化需求。

　　于细微处见知著，于无声处听惊雷。本次出版的推荐用书，紧跟新时代步伐，开拓创新，积极回应老年人新的学习需求，旨在培养"肩上有担当"的新时代有进步的老年人。推荐用书的主题既包含老年人智慧生活、老年人触手可及的 AI 新科技等时代热点和社会关注点，也包含老年人权益保障、老年人心理保健、四季养生、茶乐园、家居艺术插花、合理用药等围绕老年人品质生活需求的内容。推荐用书的呈现形式以老年人学为中心，在内容凝练的前提下，强调基础实用，又不失前沿与引领；强调简明扼要、通俗易懂，又不失深刻与系统。与此

1

同时，充分利用现代信息技术和多媒体手段，配套建设推荐用书的电子书、有声读物、学习课件、微课等多种数字学习资源；更新迭代"指尖上的老年教育"微信公众号的教育服务功能，打造线上线下"双向"灵活多样的学习方式，多途径构建泛在可选的老年学习环境。

编写一套好的教材是教育的基础工程。回首推荐用书的研发之路，我们这个基础打得可谓坚实而牢固。系列推荐用书不仅进一步深化了老年教育的内涵发展，更为老年人提供了高质量的学习资源服务，让他们在学习中养老，提高生命质量与幸福感，进而提升城市软实力，助力学习型城市建设。

点点星光汇聚成璀璨星河。本套上海市老年教育推荐用书凝聚了无数人的心血，有各级领导、专家的悉心指导，有老年教育同行的出谋划策，还有所有为本次推荐用书的出版作出努力和贡献的老师，在此一并感谢。

以书为灯，在书中寻找答案，在书中发现自己，在书中汲取力量，照亮老年教育发展之路……

上海市老年教育教材研发中心

2023 年 9 月

编者的话

　　智能时代与老龄化时代的交汇，为老年朋友提供了更为便利、智慧的生活方式。然而，在时代变迁的过程中，技术发展与老年人的需求有所脱节。由于老年人缺少对现代智能产品的了解与掌握，当他们面对智能生活场景中出现的多重"数字鸿沟"时，遇到了诸多应用障碍。特别是智能手机的应用有一定技术门槛，老年人往往难以享受到它所提供的便利服务，缺乏对生活的掌控感。

　　提升数字素养能帮助老年人缩小"数字鸿沟"，更近距离地拥抱智能时代。"老年人智慧生活"系列图书以熟悉的生活场景作为情境导入，分层级地为零基础或有一定基础的老年人编写了"初级篇"和"进阶篇"两本智能手机使用教程，助力老年人掌握更多技能，拥有更多信心。

　　《老年人智慧生活初级篇》通过介绍智能手机入门操作、微信社交、支付宝支付、随申办市民云等不同模块的内容，助力老年人解决在日常生活中遇到的社交、出行、就医、消费等方面的实际困难，让老年人更好地使用智能手机，掌握智能手机的基础使用技巧。

　　《老年人智慧生活进阶篇》通过介绍日常生活场景应用、图片和视频处理、休闲娱乐等不同模块的内容，助力老年人掌握便捷生活、休闲娱乐等提升日常生活品质的智能手机使用技

1

巧，让老年人更好地运用智能手机，掌握智能手机的一些隐藏或实用技巧。

两本图书为老年人提供了日常生活场景中通俗易懂的智能手机操作指南，希望能为老年人带来更为安全、便捷、舒适的智能生活体验。

由于编写时间和水平有限，书中难免有不妥之处，欢迎读者提出宝贵的意见与建议。

编者

2023 年 5 月

目　录

老年人智慧生活进阶篇

第一章 日常生活场景应用

　　支付宝不仅是一款支付软件，还是一款集合多项日常服务的生活类软件。通过支付宝，不仅能完成日常缴费，还能查找美食和酒店、购票等。在使用过程中不用再安装其他专门的 App，这给我们带来了极大的方便。本章主要讲解支付宝的日常生活功能，包括查找美食和酒店、购票、寄快递等功能。

【学习目标】

完成本章内容的学习后，您将：

1. 学会通过支付宝查找美食和酒店；
2. 学会通过支付宝购买电影票和景点门票；
3. 学会通过支付宝寄快递。

【温馨提示】

1. 除了支付宝外，微信也具有类似的功能，可以通过微信小程序进行相关操作。

2. 由于支付宝会定期更新，其界面会发生一定变化，操作步骤可能会有点差异，但是不影响操作过程。

3. 苹果手机、安卓手机的支付宝界面也存在一定差异，但是操作方法和方式差异不大。

知识点 1
如何查询美食

使用支付宝，就可以足不出户地了解每个饭店的特色、招牌菜、服务水平、平均价格、折扣优惠等信息，从而选择心仪的饭店。

情境导入

在小区中心的休闲广场上，智叔叔碰到了步履匆匆的慧阿姨。他想到慧阿姨已经好几天没有到老年大学上课了，便走上去关心几句。

智叔叔说："慧阿姨，你急匆匆地在忙什么呀？老年大学的课，你也缺席了好几节。"

慧阿姨答道："是智叔叔啊。刚好，你也帮帮忙。"

智叔叔问："怎么了？"

慧阿姨说："我妹妹一家要从四川过来看我，我肯定要招待好他们。不仅要让他们尝尝上海的特色菜，还要安排地道的川菜，免得他们不适应、吃不好。我这些天跑了好多家饭店，可还是吃不准，担心饭店的饭菜不地道。智叔叔，你有没有什么推荐的？"

智叔叔说："这你可算问对人了。我今天教你一招，只要使用支付宝，就能知道哪家饭店最值得去。"

慧阿姨惊讶道："真的吗？你快教教我。"

第一步：找到并打开支付宝。

图1-1　打开支付宝

第二步：在搜索栏里输入"口碑"，再点击"搜索"。

图1-2　搜索"口碑"小程序

第三步：点击"口碑"，即可进入小程序，再点击"美食"。

图1-3　找到"美食"栏目

第四步：查找美食。既可以在上方的搜索栏里输入关键词后查找美食，如美食名、餐饮店、美食风格，也可以在"推荐美食"中通过"条件筛选"查找美食。

图1-4　输入关键词

图 1-5　通过"条件筛选"查找美食

（1）点击"全部美食"后的"▼"可以筛选美食风格。

（2）点击"附近"后的"▼"可以筛选餐饮店的地理位置。

（3）点击"智能排序"后的"▼"可以对筛选出的餐饮店进行排序。"好评排序"是指根据食客打分高低进行排序。"离我最近"是指根据餐饮店距离你的位置由近到远进行排序。"人均从高到低"是指根据人均消费从高到低进行排序。"人均从低到高"是指根据人均消费从低到高进行排序。

（4）点击"筛选"后的"▼"可以增加其他条件进行筛选。

图1-6　筛选美食风格

图1-7　筛选地理位置

图1-8　对筛选出的餐饮店进行排序

图1-9　增加其他条件进行筛选

第五步：点击餐饮店，即可了解具体信息。

图 1-10　选择餐饮店　　图 1-11　了解详细信息

（1）在页面最上部，可以了解到餐饮店的口碑、营业时间、地理位置、联系电话等必要信息。

（2）在页面中部，可以获得买单、外卖、订座、优惠团购等服务。

图 1-12　享用服务

（3）往下滑动页面，可以点击"推荐菜"，了解餐饮店推荐的招牌菜——商家推荐，以及网友推荐的招牌菜——热议菜排行。

图 1-13　了解推荐菜

（4）往下滑动页面，可以点击"评价"，查看其他网友的点评。

第六步：点击最下面的"给店铺写评价"，可以对餐饮店进行消费评分。

图 1-14　了解评价　　图 1-15　填写评价

知识点 2
如何查询酒店

　　预订酒店时，通过支付宝的小程序可以了解到酒店位置、价格、服务水平、客户评价等信息，从而选到最舒适、最经济、最便捷的酒店。

情境导入

　　智叔叔从进门就看到慧阿姨在打电话，一个接一个。他好不容易插上话，赶忙问道："慧阿姨，你这忙什么呢？打了这么多电话。"

　　慧阿姨说："智叔叔，你再等我一会儿。最近，我们几个老姐妹准备出去转转。我这会儿正在给酒店打电话，想了解一下住哪里最方便。"

　　智叔叔说："不用这么麻烦的。通过支付宝，不仅能了解每个酒店离要去的景点有多远，还能了解这个酒店的服务水平。"

　　慧阿姨惊讶道："真的吗，你快教教我怎么操作。"

具体步骤

第一步：找到并打开"支付宝"。

第二步：在搜索栏里输入"携程"，再点击"搜索"。

第三步：点击"携程"，即可进入小程序，再点击"酒店"。

第四步：点击第一行的搜索栏，输入计划入住酒店的位置。

第五步：点击第二行，设置入住日期和离店日期。

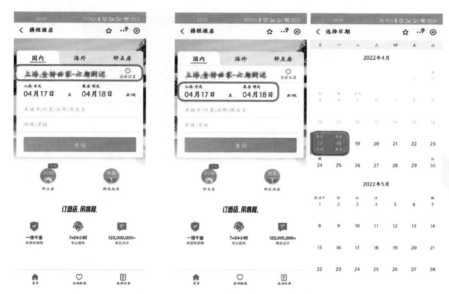

图 1-16　输入酒店位置　　　　图 1-17　设置入住日期和离店日期

第六步：点击第三行，设置酒店品牌、商业区等。

图 1-18　设置酒店品牌和商业区

第七步：点击第四行，设置酒店价格、星级等，再点击"完成"。

图 1-19　设置酒店价格和星级

第八步：点击"查询"，获得酒店信息。

图 1-20　查看符合条件的酒店

第九步：可以再次通过"条件筛选"筛选酒店。

图 1-21　补充条件进行筛选

（1）点击"欢迎度排序"后的"▼"进行排序筛选。"低价优先"是指根据价格从低到高进行排序。"高价优先"是指根据价格从高到低进行排序。"直线距离　近→远"是指根据距离从近到远进行排序。

图 1-22　欢迎度排序

（2）点击"位置区域"后的"▼"，根据位置进行筛选。

图 1-23　位置筛选

（3）点击"¥900—2000"后的"▼"，根据价格进行筛选。

图 1-24　价格筛选

（4）点击"筛选"后的"▼"，选择其他条件进行筛选。

第十步：点击"酒店"，了解酒店信息。

图 1-25　选择其他条件进行筛选　　图 1-26　了解酒店信息

（1）在页面上部，可以了解酒店的口碑、营业时间、地理位置、联系电话等必要信息。

（2）在页面中部，可以获得预订等服务。

（3）往下滑动页面，可以浏览住客评价。

图 1-27　了解必要信息　　图 1-28　了解预定信息　　图 1-29　了解住客评价

知识点 3
如何购买电影票

通过支付宝预定电影票，不仅可以在合适的时间内选择最佳的观影位置，还可以了解电影院的位置、硬件设施、服务水平等信息，甚至可以得到折扣优惠等额外惊喜，从而大大提高观影体验。

情境导入

大年初二，智叔叔到慧阿姨家拜年，一进门就看到慧阿姨平日乖巧的孙子在大哭，慧阿姨则在一旁哄着。

智叔叔问："这是怎么了？大过年的，怎么还哭起来了？"

慧阿姨说："我儿子、儿媳去参加同学聚会了，小宝又吵着要看动画电影《喜洋洋与灰太狼之筐出未来》。我们去小区旁边的电影院问了，没有票了。可他非要今天看。"

智叔叔说："这好办，在支付宝上就可以查到周边所有的电影院和电影场次。我们一起找找，说不定还有余票。"

慧阿姨说："那太好啦！快帮我一起找找。"

具体步骤

第一步：找到并打开"支付宝"。

第二步：在搜索栏里输入"电影演出"，点击"搜索"，再点击"电影演出"，即可进入小程序。

图 1-30　搜索电影演出

第三步：进行"定位"。点击左上角显示的城市，选择"你所在的地区"，或者输入某个具体位置。

图 1-31　更改城市

第四步：点击"电影／影院"进行购票。

（1）以电影为主购票。

首先，点击"正在热映"，显示正在放映的电影。

其次，点击想看的电影名，下方就会显示所有放映该电影的影院信息。

最后，再次点击电影名，就会出现该电影的简介和影评。

图 1-32　了解上映电影的信息

根据影院电影票的价格、位置、近期场次等信息选择合适的影院，再点击影院，选择合适的场次。具体步骤如下。

第一，选择观看的时间和场次。

图 1-33　选择影院

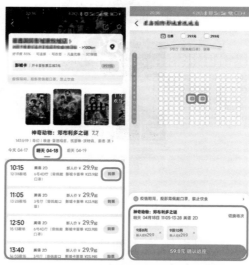

图 1-34　确定场次并选择座位

第二，点击"购票"，再点击白色矩形进行选座。选择几个白色矩形就表示选中了几张票。

第三，在页面下方确认选座信息，点击"确认选座"进行购票。

💡 注意

1. 红色矩形表示该座位已经售出，红色虚线框内为最佳观影区。

2. 购票成功后，手机会收到含有取票编码的短信。之后，可凭该编码到影院柜台或取票机器上取票。

（2）以电影院为主购票。

点击页面上方的第二个选项"影院"。先根据影院电影票的价格、位置、近期场次等信息选择影院，再根据喜好、时间选择电影。点击电影后就可以看到该电影的简介和影评。具体购买步骤前文已介绍，此处省略。

图1-35 选择影院

图1-36 选择合适的场次

知识点 4
如何购买景点门票

通过支付宝提前购买景点门票，不仅可以节省现场排队的时间，还可以避免出现"人到了现场，门票却已售罄"的尴尬局面。

情境导入

今年慧阿姨的外孙要来上海过暑假，她想带外孙去周边景点玩一下。她想起来智叔叔曾经教过自己用支付宝购买电影票，说不定也可以买景点门票。于是，她决定去请教智叔叔。

慧阿姨说："智叔叔，你上次教会我用支付宝买电影票，你知道支付宝能买景点门票吗？"

智叔叔说："当然可以！我演示给你看。"

具体步骤

第一步：找到并打开"支付宝"。

第二步：在搜索栏里输入"携程"，点击"搜索"。

第三步：进入"携程"小程序，点击"景点门票"。

第四步：在搜索栏里输入景点，点击"开始"进行搜索。接下来，以瘦西湖为例进行介绍。

图 1-37　查找景点

第五步：点击"景点"，了解景点的开放时间、地理位置等信息。

图 1-38　了解景点信息

第六步：预订门票。点击"更多日期"，选择使用日期和场次。

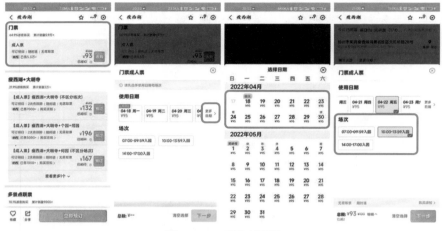

图 1-39　预订门票

第七步：点击"购买须知"，了解关键信息，包括是否需要取纸质票、是否可以退票、适用条件等。

图 1-40　阅读购买须知

第八步：点击"下一步"，再次确定日期、张数等信息。输入出行信息，即每位出行人的身份证号码和手机号码。

第九步：点击"去支付"，即可付款购票。

图 1-41　确认信息并付款购票

注意

不需要换取纸质票的，携带身份证进行验证即可；需要换取的，携带身份证到窗口取票即可。

知识点 5
如何寄快递

用支付宝寄快递主要有两种途径：一种是菜鸟驿站，包括韵达、圆通等常规快递，寄件费用较低，但服务质量一般，无法快递一些特殊物品，如生鲜；另一种是顺丰快递，虽然寄件费用较高，但是服务质量较好，适合快递一些特殊物品，如贵重物品。

情境导入

这天，慧阿姨敲响了智叔叔的房门。

慧阿姨说："智叔叔，我整理出了很多图书、旧衣服等，想寄给山区学校。但这些东西有点重，你能不能帮我搬到快递站？"

智叔叔说："慧阿姨，你可以叫快递上门取件。"

慧阿姨说："可是我不知道快递电话。"

智叔叔说："你可以直接在支付宝下单，菜鸟驿站、顺丰快递都可以的。"

慧阿姨说："那你快点教我怎么操作。"

具体步骤

1. 菜鸟驿站

第一步：找到并打开"支付宝"。

第二步：在搜索栏里输入"菜鸟驿站"，点击"搜索"，再点击"菜鸟裹裹寄件"，即可进入小程序。

图 1-42　点击"菜鸟裹裹寄件"

第三步：输入寄件地址。如果寄件地址已经存在，直接选择即可；如果寄件地址不存在，点击"新建地址"，输入姓名、手机号等信息，再点击"保存"，选择新输入的寄件地址。

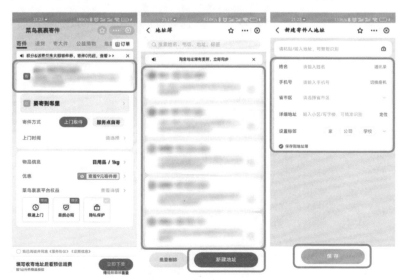

图 1-43　输入寄件地址

第四步：输入收件地址。如果收件地址已经存在，直接选择即可；如果收件地址不存在，点击"新建地址"，输入姓名、手机号等信息，再点击"保存"，选择新输入的收件地址。

图 1-44　输入收件地址

第五步：选择寄件方式。

图 1-45　选择寄件方式

第一种寄件方式为上门取件。选择上门时间后，只要等待快递员上门取件即可。第二种寄件方式为服务点自寄。选择这种方式后，则会显示菜鸟驿站的地址，需要自行到店里寄快递。

注意

如果使用比较频繁，也可以在手机上安装菜鸟裹裹 App。

第六步：点击"物品信息"，选择物品类型，预估物品重量。

第七步：勾选"我已阅读并同意《服务协议》《证照信息》"，点击"立即下单"。

图 1-46　设置物品信息

图 1-47　立即下单

2. 顺丰快递

第一步：找到并打开"支付宝"。

第二步：在搜索栏里输入"顺丰速运"，点击"搜索"，再点击"顺丰速运"，即可进入小程序。

图 1-48　点击"顺丰速运"

第三步：先点击"预约寄件"，再点击"支付宝账号快捷登录"，接着点击"服务条款及隐私政策"页面的"同意"，最后点击"获取你的手机号"页面的"同意"。

图 1-49　登录顺丰速运

第四步：输入寄件地址。点击"地址簿"，如果寄件地址已经存在，直接选择即可；如果寄件地址不存在，点击"新增地

址"，输入真实姓名、电话等信息，再点击"确定"，选择新输入
的寄件地址。

图 1-50　输入寄件地址

第五步：输入收件地址。点击"地址簿"，如果收件地址已
经存在，直接选择即可；如果收件地址不存在，点击"新增地
址"，输入真实姓名、电话等信息，再点击"确定"，选择新输入
的收件地址。

图 1-51　输入收件地址

第六步：选择期望上门时间后，点击"确认"。

图 1-52　设置上门时间

第七步：选择付款方式后，点击"确定"。

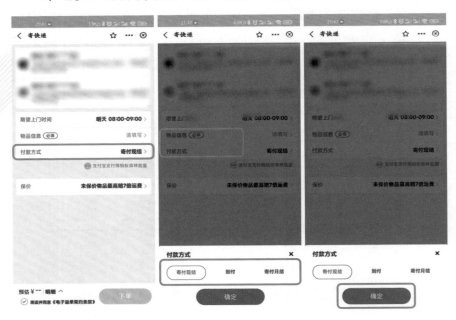

图 1-53　设置付款方式

第八步：点击"物品信息"，预估物品重量，再点击"确定"。

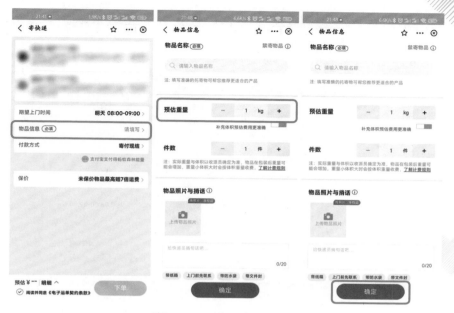

图 1-54　设置物品信息

第九步：选择是否保价。选择后，则须输入物品的价值。若出现丢失，按保价赔付。不选择则不做操作。

图 1-55　选择是否保价

第十步：勾选"阅读并同意《电子运单契约条款》"，点击"下单"，等待快递员联系即可。

图 1-56　勾选条款并下单

 注意

1. "寄付现结"表示取件时需要立即付钱。

2. "到付"表示对方收件时需要立即付钱。

3. "寄付月结"表示月底统一付钱。

第二章 图片和视频处理

　　伴随智能手机摄像头的像素越来越高，成像算法越来越复杂，其拍摄的照片质量已经几乎可以和数码相机相媲美，而且智能手机又易于携带，因此正逐渐成为人们拍照的首选。美图秀秀不仅能在拍摄时提供滤镜功能，还能在拍摄完成后对照片进行再处理。本章主要讲解美图秀秀的图片和视频处理功能，包括拍照时的滤镜、美拍等功能，拍摄完成后的优化、调色、美容等功能，以及拼图、视频剪辑等功能。

【学习目标】

完成本章内容的学习后，您将：

1. 学会使用滤镜拍摄更高质量的照片；

2. 学会智能优化、元素消除、背景虚化、调色、美容等；

3. 学会模板拼图、自由拼图等；

4. 学会剪辑视频；

5. 学会制作电子影集。

【温馨提示】

1. 很多高端智能手机中的相机、相册已具备类似的拍照、后期处理等功能，其操作原理和美图秀秀类似，可以自行尝试使用。

2. 除了美图秀秀外，还有很多类似的 App 具有类似的功能，其操作和美图秀秀基本一致，可以自行尝试使用。

3. 由于苹果手机、安卓手机的系统不同，因此美图秀秀的操作界面也存在一定差异，但是操作方法和方式差异不大。

知识点 1
如何设置滤镜

美图秀秀的滤镜功能主要通过调整照片的色调、亮度等，提升照片拍摄的质量和氛围感。只要通过简单操作，就可以直接使用美图秀秀自带的滤镜。

情境导入

这天，慧阿姨和智叔叔等几个老友外出踏青。他们看到春回大地、万物复苏时特别开心，拍摄了很多照片。但由于是阴天，很多照片拍得非常暗。可是，他们发现智叔叔拍的照片却特别明亮、好看。

慧阿姨问："智叔叔，你拍摄的技术老灵的。我们拍的照片都特别暗，没你拍得好。"

智叔叔说："其实我也没有什么高深的技术，就是拍摄的时候用了美图秀秀的滤镜。"

慧阿姨说："是吗，那你快教教大家。"

具体步骤

第一步：找到并打开"美图秀秀"，再点击"相机"。

图 2-1　打开美图秀秀中的"相机"

第二步：点击右上角的图标"3:4"，可以更改拍摄照片的宽高比，如"3∶4""1∶1""9∶16""FULL"。其中，"FULL"是指照片画幅铺满手机，与手机屏幕宽高比一致。

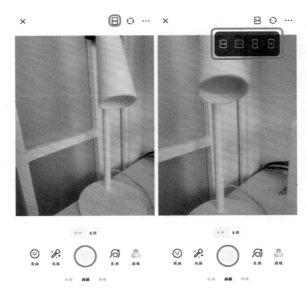

图 2-2　设置宽高比

第三步：点击右上角的图标"○"，可以实现前摄像头、后摄像头的相互切换。

第四步：点击右上角的图标"…"，可以设置摄像头的其他属性。

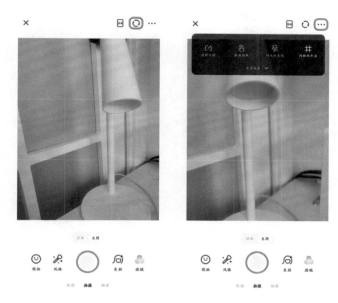

图 2-3　切换前后摄像头　　图 2-4　点击"…"

"　　"表示延时关闭。点击一次，表示延长 3 秒后才会拍照；点击第二次，表示延长 6 秒后才会拍照；再点击一次，就会恢复为延时关闭。

"　　"表示触屏拍照。点击一次后，图标由白色变为粉红色，即为启用状态。启用后，只要触摸屏幕任意位置，就可以拍照。

"　　"表示是否开启闪光灯。"闪光灯关闭"表示不启用闪光灯；"闪光灯常亮"表示闪光灯亮起。

"　　"表示是否开启网格线。开启网格线后，预览画面上会有水平参考线和竖直参考线，用于辅助拍照构图；关闭网格线后，预览画面上则没有任何参考线。

第五步：点击下方的"滤镜"。

第六步：选择滤镜类型，再点击任何一个滤镜，就可以查看效果。

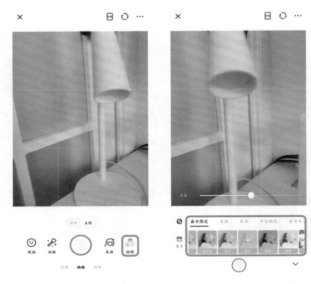

图 2-5　设置滤镜　　　　图 2-6　查看效果

第七步：左右滑动"程度"的滑动条。向左滑动表示滤镜效果减轻，向右滑动表示滤镜效果加深。点击"⊘"，滤镜效果就会被取消。

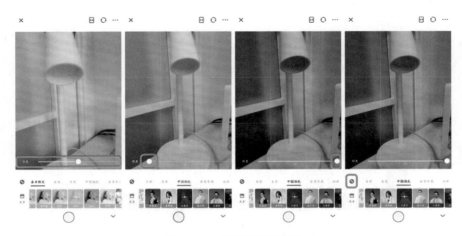

图 2-7　调整滤镜效果

第八步：点击下方的拍摄按钮"○"拍摄照片，再点击
"●"，即可保存照片。

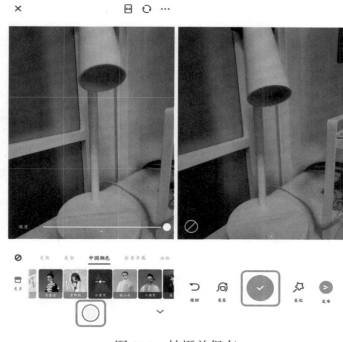

图 2-8　拍摄并保存

第九步：点击手机相册，就可以查看照片。

知识点 2
如何美化图片

　　美图秀秀中美化图片的方法主要有三种。（1）智能优化。根据照片拍摄对象的类型，自动对照片进行优化。（2）美图配方。美图秀秀会提供一些可以直接使用的修图模板（即配方）。（3）其他美图，即综合利用各种操作进行修图。

情境导入

　　前几天，慧阿姨和智叔叔等几个老友外出踏青，拍了许多照片。但由于景区人员拥挤、环境嘈杂，许多照片拍摄的质量并不高。今天，慧阿姨看到智叔叔朋友圈分享的照片时，发现智叔叔不仅拍得非常好看，还添加了各种有趣、好玩的装饰物。这让她很疑惑。

　　慧阿姨问：“智叔叔，我在朋友圈看到你分享的照片了，老灵的。你是在电脑上修图的吗？”

　　智叔叔说：“不是的。用手机就可以修图了。”

　　慧阿姨问：“是不是很难？”

　　智叔叔说：“不难的。我来教你。”

1. 智能优化

第一步：找到并打开"美图秀秀"，再点击"图片美化"。

第二步：点击左上角的"←"，选择需要美化的图片相册，再选择一张照片。

图 2-9　选择照片

第三步：点击"智能优化"，再根据照片内容选择一个修图类型，包括自动、美食、静物、风景、去雾、人物、宠物等。其中，"自动"适用于各种类型的照片。

第四步：通过左右滑动来调节效果。向左滑动表示修图效果减轻，向右滑动表示修图效果加深。

第五步：按住右上角的" ⊙ "，可以查看修图前的效果；松开" ⊙ "，可以查看修图后的效果。因此，可以通过这一步骤来确定修图效果是否符合预期。

第六步：点击"☑"，保存照片修图效果；点击"☒"，取消照片修图效果。如果效果满意，即可点击"保存"，将调整后的照片保存至相册中。

图 2-10　进行智能优化

图 2-11　更改修图效果

图 2-12　预览效果

图 2-13　保存照片

第四步和第五步可以重复多次，以达到满意的效果。

2. 美图配方

第一步和第二步与智能优化的前两步相同，此处省略。

第三步：点击"美图配方"，根据照片内容选择一个配方。其中的配方类型和数量都十分丰富，可以多次点击进行尝试，选择一个最喜欢的配方。

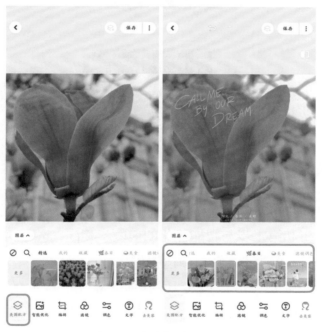

图 2-14　选择美图配方

第四步：调整修图效果。连续两次点击照片上的修图效果，就可以更改效果，但并不是所有的配方都允许修改。比如，点击两次照片上的文字后，就可以修改文字内容。

第五步：按住右上角的"　"，可以查看修图前的效果；松开"　"，可以查看修图后的效果。因此，可以通过这一步骤来确定修图效果是否符合预期。

图 2-15　预览效果

第六步：点击"保存"，即可将调整后的照片保存至相册中。

3. 其他美图

第一步和第二步与智能优化的前两步相同，此处省略。

第三步：点击"编辑"，调整构图效果。

（1）"裁剪"可以改变照片的宽高比，常见的有"正方形""2：3""3：2"等。

（2）"旋转"可以改变照片的方向。比如：可以直接点击"向左90°""向右90°""水平""垂直"，进行固定度数的旋转；也可以移动照片下方的标尺，向左移动表示逆时针方向旋转任意角度，向右移动表示顺时针方向旋转任意角度。

（3）"矫正"可以修正照片出现的失真、扭曲等。首先，确定矫正的方向，如"横向""纵向""中心"；然后，移动照片下方的标尺进行角度调整。

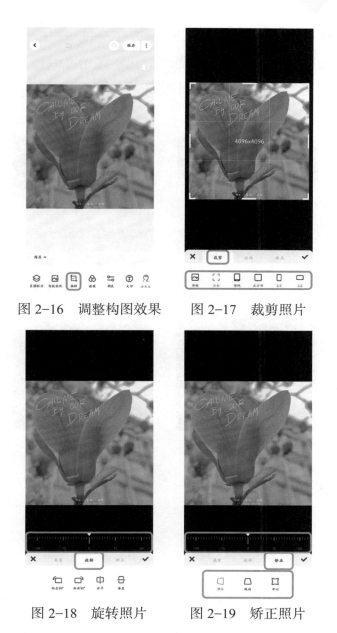

图 2-16　调整构图效果　　图 2-17　裁剪照片

图 2-18　旋转照片　　图 2-19　矫正照片

第四步：在照片下方选择滤镜类型，再点击一个滤镜，就可以查看效果。通过左右滑动"程度"的滑动条，即可调整滤镜效果。

第五步：调整照片的颜色效果。

（1）通过"光效"功能，调整照片的亮度。比如：智能补光可以自动改变照片的明暗及其细节；亮度可以改变照片的明暗；对比度可以改变照片的明暗对比；高光可以提高照片高光区的亮度；暗部可以提高照片暗部区的暗度；褪色可以整体降低照片的色彩度。

图 2-20　选择滤镜　　　　图 2-21　调节光效

注意

无论修改哪个参数，都是滑动下方的滑动条进行调整的。

（2）通过"色彩"功能，改变照片的颜色细节。比如：饱和度可以改变照片颜色的鲜明程度；色温可以改变照片颜色的冷暖色调；色调可以改变照片颜色的相对明暗程度；色调分离可以改变照片高光区、阴影区六种不同颜色的相对明暗程度；HSL 可以利用色相、饱和度、明度三个色彩参数调整照片的颜色细节。

（3）通过"细节"功能，改变照片的清晰程度。比如：锐化可以增强照片的细节；清晰度可以改变照片的清晰程度；颗粒可以给照片增加颗粒；色散可以使照片的颜色集中区出现色晕；暗角可以使照片的四角出现渐变暗影。

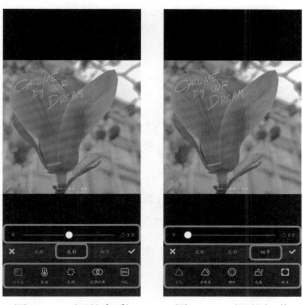

图 2-22　调整色彩　　图 2-23　调整细节

第六步：在照片上添加文字。

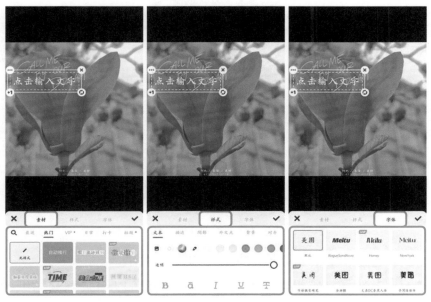

图 2-24　添加文字

"素材"功能是指利用既有的文字模板,给照片添加文字。"样式"功能是指变更文字排版效果,可以设置颜色、描边、阴影、外发光、背景、对齐等。"字体"功能是指改变文字的字体。

 注意

只要单击一下,即可设置相应的属性。

(1)点击照片上的文字,可以输入文字内容。(2)按住照片上文字的右下角" ",向中心移动手指,可以缩小文字;向四周移动手指,可以放大文字;向上移动手指,可以逆时针旋转文字;向下移动手指,可以顺时针旋转文字。(3)点击照片上文字的左下角" ",可以复制文字。(4)点击照片上文字的右上角" ",可以删除文字。(5)点击" ",可以保存效果;点击" ",可以取消效果。

图 2-25　更改文字效果

第七步:在照片上添加装饰元素,如贴纸。

(1)选择一个贴纸。贴纸四周的图标可以用来调整贴纸的呈现效果,具体可通过实践操作来了解。

（2）调整贴纸效果。比如：混合是指贴纸和照片融合的方式；透明度可以调整贴纸的透明度；旋转可以调整贴纸的方向。点击"✓"，可以保存效果；点击"✗"，可以取消效果。

图 2-26　添加贴纸　　图 2-27　更改贴纸参数

第八步：利用消除笔，消除照片中的部分元素。

图 2-28　消除照片中的部分元素

第九步：利用涂鸦笔，在照片上画一些曲线。选择"画笔"等，在照片上涂抹，画出一些装饰元素。

图 2-29　在照片上进行涂鸦

第十步：选择边框，在照片上增加一些边框，包括热门、简单、海报、通用等类型。

第十一步：选择马赛克，在照片上增加马赛克，包括热门、经典、彩色、图案等类型。

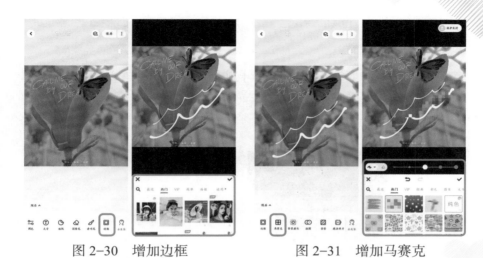

图 2-30　增加边框　　　　　　图 2-31　增加马赛克

第十二步：对照片的背景进行虚化。

（1）通过"效果"功能，可以选择不同的虚化类型。

（2）通过"选区"功能，可以选择需要虚化的背景。

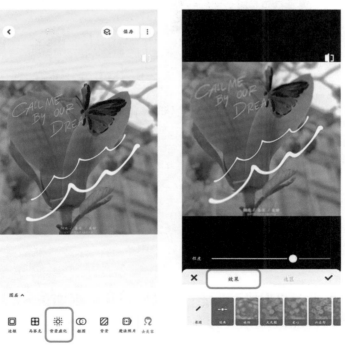

图 2-32　点击"背景虚化"　　图 2-33　选择虚化效果

（3）通过"自动"功能，可以自动识别照片主体和背景，然后对背景进行虚化。

（4）通过"圆形"功能，可以使照片出现同心的椭圆形。内部椭圆形以内不作变化，外部椭圆形以外进行虚化，两个椭圆形之间从实到虚渐变。

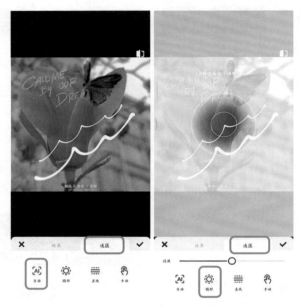

图2-34　选取虚化背景

> 💡 **注意**
>
> 用两个手指按着椭圆形区域，上下移动，即可改变椭圆形区域的大小，向两侧移动则会分开变大，向中间移动则会靠拢变小；左右移动，即可旋转椭圆形区域的方向，向左移动则会逆时针旋转，向右移动则会顺时针旋转。

（5）通过"直线"功能，可以使照片出现四条平行线。内部两条平行线以内不作变化，外部两条平行线以外进行虚化，第一条和第二条平行线、第三条和第四条平行线之间从实到虚渐变。

（6）通过"手动"功能，可以自动选择保留区域、虚化区域。

（7）用"画笔"涂抹的区域保留，用"橡皮"涂抹的区域虚化。其中，"尺寸"功能可以改变画笔的粗细和橡皮的大小。

第十三步：按住右上角的"  "，可以查看修图前的效果；松开" "，可以查看修图后的效果。因此，可以通过这一步骤来确定修图效果是否符合预期。

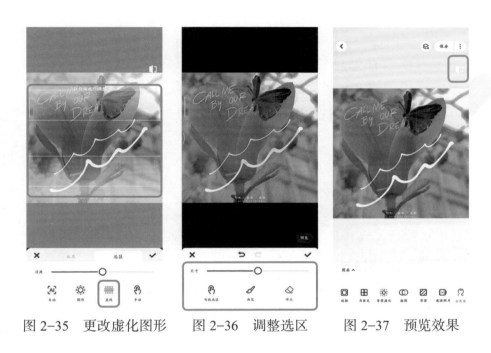

图 2-35　更改虚化图形　　图 2-36　调整选区　　图 2-37　预览效果

第十四步：点击"保存"，即可将调整后的照片保存至相册中。

知识点 3
如何进行人像美容

人像美容主要有三种方法:(1)一键美颜,可以自动对人像进行优化;(2)美图配方,即美图秀秀自带的修图模板(即配方),可以直接使用;(3)其他美容,即通过各种操作对人像进行优化。

情境导入

今天,智叔叔和慧阿姨的学习团队要拍大合照,可智叔叔却不小心弄伤了额头。

慧阿姨问:"智叔叔,你额头的伤没事吧?"

智叔叔说:"医生看过了,说没事,不用包扎的。"

慧阿姨说:"那就好。可今天要拍大合照,这可怎么办?"

智叔叔说:"没事,交给我。最后的照片上肯定看不到我额头的伤口。"

慧阿姨说:"智叔叔,化妆不利于伤口恢复,还是不要化了吧。"

智叔叔说:"不用化妆。我可以用人像美容功能把伤口遮掉。"

慧阿姨疑惑道:"是美图秀秀的人像美容吗?"

智叔叔说:"没错,我演示给你看。"

1. 一键美颜

第一步：找到并打开"美图秀秀"，再点击"人像美容"。

第二步：点击左上角的" ⟨ "，选择需要人像美容的照片。

第三步：点击"一键美颜"，再根据照片内容选择美颜类型，包括日系、自然等。

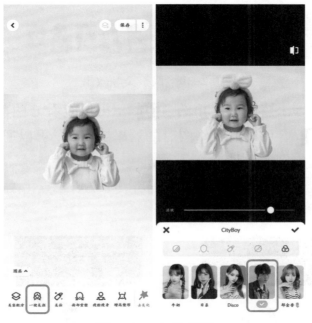

图 2-38　自动美颜

第四步：调整美颜效果。在美颜类型上方有该美颜方案的基本元素，包括肤质、美型、妆容、遮瑕、滤镜等，点击相关图标就可以进行细节修改。移动图片下方的滑动条，即可调整效果。向左滑动，则该元素产生的效果减弱；向右滑动，则该元素产生的效果增强。

图 2-39　调整美颜效果

第五步：按住右上角的""，可以查看修图前的效果；松开""，可以查看修图后的效果。因此，可以通过这一步骤来确定修图效果是否符合预期。

第六步：点击"✔"，就会保存美颜效果；点击"✕"，就会取消美颜效果。

图 2-40　预览效果　　图 2-41　确认是否保存美颜效果

第七步：点击"保存"，就能将调整后的照片保存至相册中。

2. 美容配方

第一步：找到并打开"美图秀秀"，再点击"人像美容"。

第二步：点击左上角的"‹"，选择需要美容的照片。

第三步：点击"美容配方"，再根据照片内容选择一个美容配方。

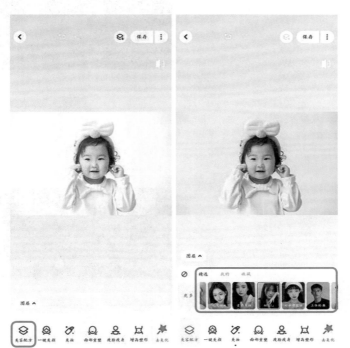

图 2-42　自动美容

第四步：按住右上角的"▢"，可以查看修图前的效果；松开"▢"，可以查看修图后的效果。因此，可以通过这一步骤来确定修图效果是否符合预期。

第五步：点击"保存"，就能将调整后的照片保存至相册中。

3. 其他美容

第一步：找到并打开"美图秀秀"，再点击"人像美容"。

第二步：点击左上角的"‹"，选择需要美容的照片。

第三步：调整妆容。"美妆"主要用于改变人像的妆容，包括一些妆容模板，可以直接使用。"口红"主要用于改变人像的嘴唇颜色。"眉毛"主要用于改变人像的眉毛形状。"眼妆"主要用于改变人像的睫毛、眼线、美瞳、双眼皮等。"立体"主要用于改变人像头部的整体效果，包括腮红、高光、阴影等。

图 2-43　调整妆容

第四步：对面部进行重塑。"面部重塑"主要用于改变头部形状、五官比例等。"3D 塑颜"主要用于让头部出现抬头、低头、左右摇头的效果。"比例"主要用于改变五官位置的比例。"脸型"主要用于改变头部的脸型。"眉毛"主要用于改变眉毛的间距等。"眼睛"主要用于改变眼睛的高低、长短、间距等。"鼻子"主要用于改变鼻子的形状。"嘴唇"主要用于改变嘴唇的形状或笑容等。

图 2-44　面部重塑

　　第五步：对人像进行增高塑形。"增高塑形"主要用于调整人像的体型。"增高"主要用于改变人像的身高。"瘦身"主要用于改变腿、腰、手臂的胖瘦程度。"肩颈"主要用于改变肩部的形状。"丰胸"主要用于改变胸部的形状等。"线条"主要用于塑造腹肌的形状。

图 2-45　增高塑形

第六步：改变皮肤状态。"磨皮"主要用于让皮肤更光滑。"美白"主要用于让皮肤更白亮。"去皱"主要用于去掉皮肤上的一些皱纹。"修容笔"主要用于精细修改皮肤上的一些瑕疵。"祛斑祛痘"主要用于去掉皮肤上的一些明显的痘痘等。

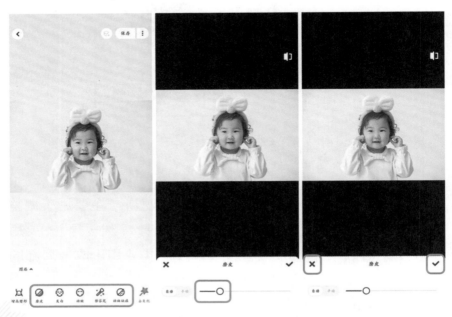

图 2-46　改变皮肤状态

第七步：按住右上角的""，可以查看修图前的效果；松开""，可以查看修图后的效果。因此，可以通过这一步骤来确定修图效果是否符合预期。

第八步：点击"保存"，就能将调整后的照片保存至相册中。

知识点 4
如何拼图

美图秀秀主要有四种拼图方法：（1）模板拼图，将多张照片简单地拼接到一起；（2）拼接拼图，利用既有"配方"进行拼图；（3）海报拼图，利用海报质感的"配方"进行拼图；（4）自由拼图，综合利用各种元素进行拼图。

情境导入

这天，智叔叔在向慧阿姨抱怨："慧阿姨，上次我们一起出去玩，拍了好多照片。我本来是想发朋友圈的，可是每次最多只能发9张图，这哪够呢。"

慧阿姨说："智叔叔，你看看我的朋友圈。"

智叔叔疑惑道："怎么？微信还能给你特权，让你多发几张？"

智叔叔看完慧阿姨的朋友圈后说道："哎哟，这是一个好办法。把几张照片拼到一起，就可以发很多张照片了。"

慧阿姨说："这个叫拼图，可以组合不同的造型。"

智叔叔问："慧阿姨，你是怎么做到的？"

慧阿姨说："美图秀秀就能拼图。我演示给你看。"

第一步：找到并打开"美图秀秀"，再点击"拼图"。

第二步：点击左上角的"〈"，选择 1—9 张照片，再点击"开始拼图"。

第三步：通过以下四种方法进行拼图。

方法一：模板拼图

（1）点击页面最下方拼图类型中的"模板"。

（2）选择一个模板，再选择完成拼图后的照片比例，包括"3∶4""1∶1""4∶3"等。

（3）选择照片间的边框，包括无边框、小边框、中边框、大边框等。

图 2-47　模板拼图　　　　图 2-48　设置边框

（4）按住照片进行移动，可以更换照片的位置。

（5）单击照片，可以给照片设置滤镜，使用方法同本章知识点 2。

图 2-49　编辑照片

方法二：拼接拼图

（1）点击页面最下方拼图类型中的"拼接"。

（2）在"拼接模板"中选择一个模板。

（3）按住照片进行移动，可以更换照片的位置。

（4）与方法一第 5 小点相同，此处省略。

方法三：海报拼图

（1）点击页面最下方拼图类型中的"海报"。

（2）在"海报模板"中选择一个模板。

（3）按住照片进行移动，可以更换照片的位置。

（4）与方法一第 5 小点相同，此处省略。

方法四：自由拼图

（1）点击页面最下方拼图类型中的"自由"。

（2）选择一个用于拼图的背景。

（3）按住照片进行移动，可以更换照片的位置。

（4）按住照片的右下角，向左移动，照片将逆时针旋转；向右移动，照片将顺时针旋转。向照片中心靠拢，照片将变小；向照片外侧拉拽，照片将变大。

（5）单击照片，增加照片效果。与方法一第5小点相同，此处省略。

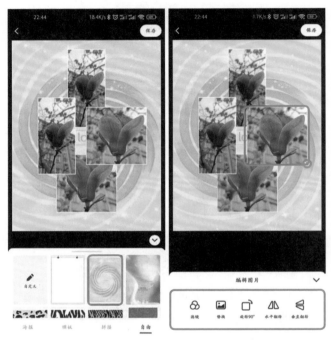

图 2-50　更改背景并编辑图片

第四步：点击右上角的"保存"，就能将调整后的照片保存至相册中。

知识点 5
如何进行视频剪辑

视频剪辑既可以对视频的亮度、颜色、构图等因素进行调整，也可以对视频中的某些段落、不同段落的顺序等进行剪辑，甚至可以给视频添加背景音乐、字幕等。在美图秀秀中，同样可以通过简单操作，完成高质量的视频剪辑。

情境导入

慧阿姨在智叔叔的朋友圈看到了一段小视频，内容是他们上课时的一些片段。她感觉特别有趣。

慧阿姨问："智叔叔，我看到你发的视频了，觉得很有趣。可是，这些视频都不是同一时间拍摄的，你是怎么做的呢？"

智叔叔说："是的，这是我们这一年上课的视频，我是最近才剪辑的。"

慧阿姨问："我看到里面还有一些文字，都是你自己添加上去的吗？"

智叔叔说："是的，我还加了背景音乐。"

慧阿姨问："你是用电脑做的吗？"

智叔叔说："用手机中的美图秀秀就能做。"

1. 一键成片

第一步：找到并打开"美图秀秀"，再点击"视频剪辑"。

第二步：点击下方的"视频"，选择一段或多段视频，再点击右下角的"开始编辑"。

图 2-51　选择视频并开始编辑

第三步：点击下方的"一键大片"，选择软件自带的"配方"，再点击左侧的播放键，就可以预览效果。如果不喜欢，还可以更换"配方"。

第四步：点击"快速保存"后，就可以在手机相册中看到剪辑的视频。

图 2-52　更改"配方"　　　　　图 2-53　快速保存

2. 视频剪辑

第一步：找到并打开"美图秀秀"，再点击"视频剪辑"。

第二步：点击下方的"视频"，选择一段或多段视频，再点击右下角的"开始编辑"。

第三步：点击下方的"剪辑"。

图 2-54　视频剪辑

（1）分割视频。第一，选择视频的不同位置。用手指按住下方的"视频线"左右移动，可以看到视频的不同位置；或者点击播放键，视频就会自动播放，播放到想要剪断的位置时，再点击播放键，视频就会停留在该位置。第二，点击"分割"，此时视频就会被剪断。

图 2-55　分割视频

（2）调整、删除视频。第一，长按下方的"视频线"，就会出现目前所有的视频片段。第二，用手指按住某段视频左右移动，可以更改该段视频的位置。第三，将某段视频移动到下方的"拖动到此处删除"，即可删除该段视频。第四，点击"☑"，就能保存修改；点击"☒"，修改就会被取消。

（3）点击"变速"，就可以调整视频的播放速度。第一，"标准"表示以均匀的变化调整视频的播放速度。第二，"曲线"表示按照曲线忽快忽慢地改变视频的播放速度。曲线高表示播放速度快，曲线低表示播放速度慢。第三，点击"☑"，就能保存修改；点击"☒"，修改就会被取消。

图 2-56 调整、删除视频

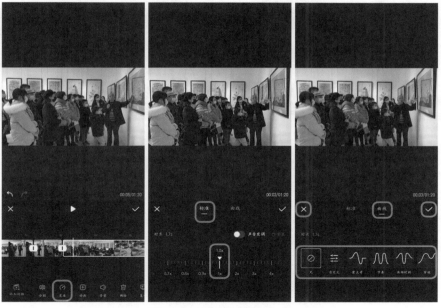

图 2-57 调整播放速度

（4）添加动画。第一，"入场"表示给该段视频出现时增加一个动画效果。第二，"出场"表示给该段视频播放结束时增加一个动画效果。第三，"组合"表示给该段视频同时增加入场动画和出场动画。

如果勾选"应用到全部"，则每段视频都会应用所选择的动画效果。

（5）添加转场。点击两段视频中间的"▯"，为两段视频的过渡添加转场。

图 2-58 添加动画   图 2-59 添加转场

（6）点击"音量"，调整视频原声的音量。

（7）调整其他参数。"删除"表示删除选中的该段视频。"复制"表示复制选中的该段视频。"裁剪"表示裁剪或矫正该段视频的画面比例。"蒙版"表示将该段视频裁剪成特殊的形状，如心形。"画质修复"表示可以提高该段视频的画面质量。"防抖"表示可以减轻原视频的抖动。"清除水印"表示可以去掉原视频的水印。"色度抠图"表示可以对原视频进行抠图。"定格"表示可以定格该段视频中的画面。"替换"表示可以更换该段视频。"旋转"表示可以旋转该段视频。"镜像"表示可以左右翻转该段视频。"倒放"表示可以从尾到首地播放该段视频。

（8）点击"☑"，就能保存剪辑效果；点击"☒"，修改就会被取消。

图 2-60　调整其他参数　　图 2-61　保存剪辑效果

第四步：点击下方的"滤镜"，调整该段视频的画质效果。在下方选择滤镜类型，查看效果。如果效果满意，即可保存并应用到全部视频中。

图 2-62　添加并保存滤镜

第五步：点击下方的"调色"，调整该段视频的颜色效果。"智能增强"可以自动改变视频的颜色及明亮等细节。"亮度""对比度"等功能前文已介绍过，此处省略。

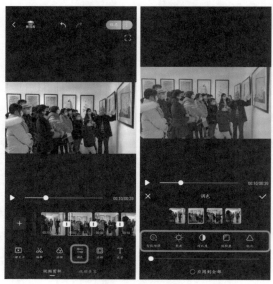

图 2-63　调整视频色彩

第六步：点击下方的"边框"，为该段视频添加边框。

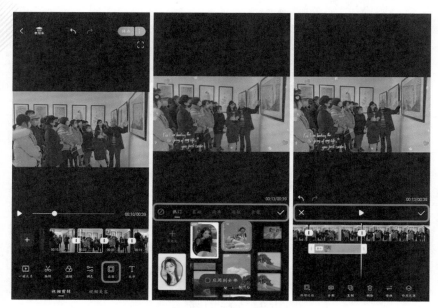

图 2-64　添加边框

第七步：点击下方的"文字"，为该段视频添加文字。

（1）选择一个文字模板。

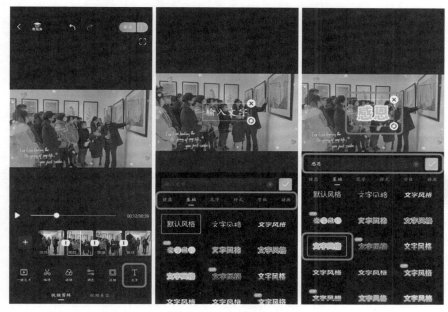

图 2-65　添加文字

（2）点击照片上的文字，可以输入文字内容。"样式"可以变更文字排版效果，可以设置"颜色""描边""阴影""外发光""背景""对齐"等。"字体"可以改变文字的字体。"动画"可以给文字增加动画效果。

 **注意**

只要单击一下，即可设置相应的属性。

（3）按住照片上文字的右下角图标，向中心移动手指，可以缩小文字；向四周移动手指，可以放大文字；向上移动手指，可以逆时针旋转文字；向下移动手指，可以顺时针旋转文字。

（4）点击照片上文字的左下角图标，可以复制文字。

（5）点击"✓"，就能保存修改；点击"✕"，修改就会被取消。

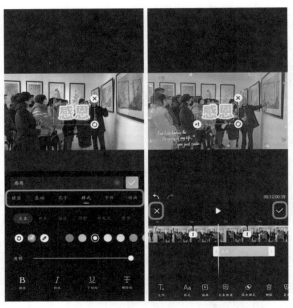

图 2-66　调整文字效果

第八步：点击下方的"贴纸"，为该段视频添加贴纸，并调整贴纸效果。"混合"是指贴纸和照片融合的方式。"透明度"是指贴纸的透明度。"旋转"是指旋转贴纸的方向。

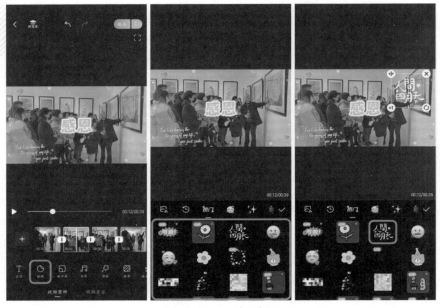

图 2-67　添加贴纸

第九步：点击下方的"画中画"，在画面中再添加一段视频。

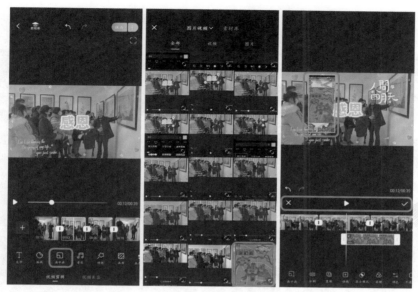

图 2-68　添加画中画

第十步：点击下方的"音乐"，为视频添加背景音乐。

（1）选择背景音乐。既可以从搜索栏中以音乐名称进行搜索，也可以从下面的分类中进行选择。

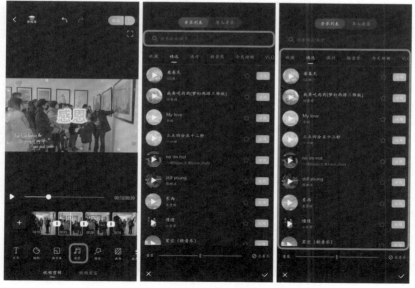

图 2-69　添加背景音乐

（2）点击"导入音乐"。既可以从手机中选择一段视频，从中提取音乐，也可以从本地音乐中导入一段音乐。

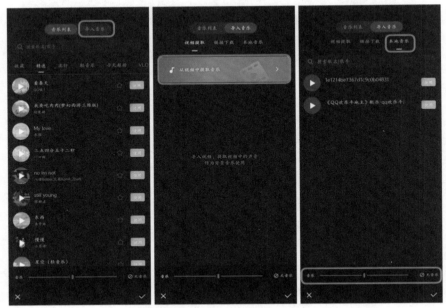

图 2-70　导入音乐

（3）导入音乐之后，也可以对音乐进行编辑。"音量"可以调整背景音乐的音量大小。"淡入淡出"是指音乐开始播放时，音量有一个从小变大的过程；或者音乐结束播放时，音量有一个从大变小的过程。"分割"是指将音乐切分为不同段数，进行删除、调整顺序等。"复制"是指将音乐复制一次。"删除"是指将音乐删除。"替换"是指替换一段新音乐。"卡点"是指显示音乐节奏。"卡点"功能可以帮助我们按节奏剪辑视频。

第十一步：点击下方的"特效"，为视频添加特殊的动画效果。选择特效类型，点击一次就可以在视频画面上添加一个特效。

第十二步：点击下方的"画布"，更改视频画面的比例和背景。

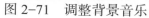

图 2-71 调整背景音乐

图 2-72 添加画面特效

第十三步：点击下方的"画质修复"，提升画面的画质。

第十四步：点击"保存"后面的"▌"，即可调整视频清晰度。"分辨率"中的 720P、1080P、2K、4K 表示视频画质越来越高。"帧率"中的 24、25、30、50、60 表示数值越高，画面细节越高。

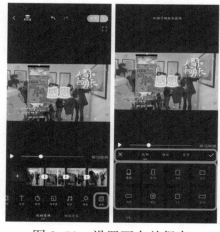

图 2-73 设置画布并保存

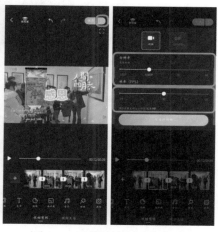

图 2-74 调整视频清晰度

第十五步：点击"保存到相册"，就可以在手机相册中看到该视频。

图 2-75　保存到相册

休闲娱乐

第三章

抖音已经成为现阶段较为流行的短视频娱乐软件。我们既可以通过它欣赏别人发布的各类有趣视频，也可以自己在上面发布照片和视频，与其他人一同分享。本章主要介绍抖音的相关功能，包括照片或视频发布、特效视频制作、直播三个功能。

【学习目标】

完成本章内容的学习后，您将：

1. 学会在抖音上发布照片或视频；

2. 学会通过抖音制作特效视频；

3. 学会在抖音上直播。

【温馨提示】

1. 通过其他软件，也可以制作特效视频，操作方法类似，大家可以进行尝试。

2. 苹果手机、安卓手机安装与更新抖音的平台不同，软件界面也存在一定差异，但是操作方法和方式差异不大。

知识点 1
如何发布图片或视频

　　相较于微信只能给自己的微信好友分享内容，抖音的分享是完全公开的，陌生人也可以看到你分享的图片或视频。

🎥 情境导入

　　智叔叔和慧阿姨都对非物质文化遗产感兴趣，也经常在一起讨论如何更好地传承非遗技艺。

　　慧阿姨说："智叔叔，我听朋友说你现在是一个网络红人，在网上可火了。"

　　智叔叔说："我儿子把我做竹编的视频发到抖音上，没想到一下子火了。现在，我也学会了分享视频，有了一些粉丝。慧阿姨，在抖音上发视频也是宣传非遗的一个好途径。"

　　慧阿姨说："是吗，那你快教教我，我也想试试。"

📝 具体步骤

　　第一步：找到并打开"抖音"，点击最下方的第三个选项"+"，再点击"仅在使用中允许"。

图 3-1　打开麦克风

第二步：找到并点击右下方的"相册"，再点击上方的第二选项"视频"或者第三选项"图片"，选择视频或图片。

图 3-2　选择视频或图片

第三步：点击"下一步"。可以输入相关文字，即作品的主要内容。

图 3-3　描述作品内容

第四步：点击"你在哪里"，选择一个位置进行定位。

图 3-4　设置位置

第五步：点击"公开·所有人可见"，抖音用户都可以看到你发布的图片或视频。点击"朋友·互关朋友可见"，只有你的粉丝才可以看到你发布的图片或视频。点击"私密·仅自己可见"，只有自己可以看到发布的图片或视频。点击"不给谁看"，可以不让部分人看到你发布的图片或视频。

第六步：点击"发布"，即可发布视频。

图 3-5　设置公开范围　　　　图 3-6　发布视频

知识点 2
如何剪同款

抖音上的网友们每天都分享着各种好玩的视频。如果某个视频特别打动你，就可以选择抖音的"剪同款"来制作同样效果的视频。

情境导入

　　春节到了，慧阿姨收到了很多祝福。智叔叔发了一段祝福的小视频，有声音，有画面，特别生动有趣。

　　慧阿姨说："智叔叔，谢谢你的新年祝福。你发的小视频可真有趣。"

　　智叔叔说："慧阿姨，我是从抖音上学的。我看到的时候也觉得特别有趣。"

　　慧阿姨问："这个很难吗？"

　　智叔叔说："很简单的。通过剪同款就可以直接用别人做好的视频效果，我们只用改变视频内容就可以。"

具体步骤

　　第一步：找到并打开"抖音"，再点击最下方的第三个选项"＋"。

　　第二步：点击下方的"模板"，浏览后选择一个心仪的模板。

图 3-7　选择模板

　　第三步：点击"剪同款"，再点击"所有照片"，选择自己的相册。根据下方提示选择照片或视频，如"5张照片效果最佳"，最后点击"确认"。

图 3-8　导入照片

第四步：预览效果。如果没问题，点击"下一步"，即可发布视频。如果需要修改效果，点击右侧竖栏工具进行修改。

第五步：点击右侧竖栏的第二个按钮" "下载视频，就可以在手机相册中找到该视频。

图 3-9　修改效果

图 3-10　保存至相册

知识点 3
如何一键成片

在抖音上，除剪同款之外，还可以通过一键成片，快速完成视频作品的剪辑。一键成片，只需要根据抖音中的提示一步步操作，即可制作视频。

情境导入

这天，慧阿姨和智叔叔一起参加老同学聚会，他们录制了许多好玩的视频片段。聚会还没结束，慧阿姨就看到智叔叔已经分享到了朋友圈。

慧阿姨说："智叔叔，你怎么这么快就做好视频了？"

智叔叔说："抖音的一键成片可方便了。"

慧阿姨问："一键成片？"

智叔叔说："是的，跟着软件提示一步步操作，选择一个合适的模板就可以了。我来教你怎么做。"

具体步骤

第一步：找到并打开"抖音"，再点击最下方的第三个选项"+"。

第二步：点击下方的"模板"，再点击上方的"一键成片"。

图 3-11　选择一键成片

第三步：点击"所有照片"，选择相册中的照片或视频，再点击"一键成片"。

图 3-12　导入照片

第四步：预览效果。如果没问题，点击"下一步"，即可发布视频。如果需要修改效果，点击右侧竖栏工具进行修改。

第五步：点击右侧竖栏的第二个按钮""下载视频，就可以在手机相册中找到该视频。

图 3-13　修改效果　　　　图 3-14　保存至相册

知识点 4
如何剪辑特效视频

抖音也可以和美图秀秀一样剪辑视频，既可以调整视频的亮度、颜色等，也可以分割视频或组合视频，甚至可以给视频添加背景音乐、字幕等，从而制作高质量的视频作品。

情境导入

这天，慧阿姨出门遛弯时，看到智叔叔拿着手机一动不动地站在树底下，便凑了上去。

慧阿姨问："智叔叔，你在做什么？"

智叔叔说："是慧阿姨啊。你看看我们小区花开得多好啊。我拍了几段视频，正准备发到抖音和朋友圈。"

慧阿姨说："我看看。哇……你的文字真漂亮，是在手机上做的吗？"

智叔叔说："我是在抖音上做的视频剪辑。"

慧阿姨说："你快教教我吧！"

具体步骤

第一步：找到并打开"抖音"，再点击最下方的第三个选项"+"。

第二步：点击"所有照片"，选择相册，再点击"多选"，选择照片或视频。

第三步：对所选照片或视频进行剪裁。

（1）点击图标""，边栏的所有工具就会显示名称。

图 3-15　显示工具名称

（2）点击"剪裁"工具，即可对视频进行分割、变速、旋转等处理。

图 3-16　选择剪裁工具

（3）更改视频片段的长短。按住该段视频的头尾左右移动，可以更改视频长度。按住头部，将尾部往左移视频变短，往右移视频变长；按住尾部，将头部往右移视频变短，往左移视频变长。

图 3-17　更改视频长度

（4）其他剪辑功能。"音乐卡点"是指按照音乐节奏改变视频的长短，单击即可使用。"智能调整"是指自动调整每段视频的长短，单击即可使用。"调区间"是指视频长度一定，但是截取的视频可以变化。如图 3-19 所示，区间长度为 3.3 秒，可以从视频任意位置选取 3.3 秒的片段。"旋转"是指视频向右旋转90°，单击即可使用。"快慢速"是指变更视频播放速度，单击即可选择"快""标准""慢"三种播放模式。"删除"是指删除该段视频。

图 3-18　设置其他剪辑功能　　　图 3-19　设置调区间

第四步：点击"文字"工具，为视频添加文字。

图 3-20　添加文字

（1）在文本框中输入文字。

（2）改变文字排版样式。点击图标""，可以选择左对齐、右对齐、居中对齐。点击图标"●"，可以为文字选择不同颜色。点击图标"圆"，可以为文字设置不同底纹样式。图标"◎》"是指语音输入文字。

第五步：点击"贴纸"工具，为视频添加贴纸。

图 3-21　输入文字并更改样式

图 3-22　添加贴纸

（1）点击"贴图"，选择一个贴图即可添加。

（2）点击"表情"，选择一个表情即可添加。

（3）按住"贴图"往下拖拽，拖拽到底部后松手即可删除。

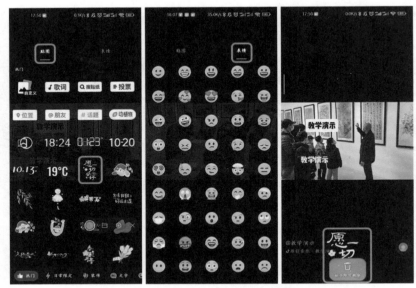

图 3-23　添加并删除贴图

第六步：点击"特效"工具，为视频添加特效。

图 3-24　添加特效

（1）点击特效分类，选择一个特效即可添加。

（2）点击"撤销"，即可删除这个特效。

（3）点击"保存"，添加的特效就会保留；点击"取消"，添加的特效就会被删除。

图 3-25　调整参数

第七步：点击"滤镜"工具，为视频添加滤镜。

图 3-26　添加滤镜

（1）点击滤镜分类，选择一个滤镜即可添加。

（2）滑动滚动条，可以调节滤镜效果。往右滑滤镜效果增强，往左滑滤镜效果减弱。

（3）点击"⊘"，视频滤镜将会被撤销。

图 3-27 调整滤镜参数

第八步：点击"自动字幕"工具，为视频添加字幕。

第九步：点击"画质增强"工具，以提高视频画面质量。

图 3-28 添加字幕　　图 3-29 增强画质

第十步：点击"变声"工具，将视频中的原声变更为其他声调。

第十一步：预览效果。如果没问题，点击"下一步"，即可发布视频。

第十二步：点击右侧竖栏的第二个按钮""下载视频，就可以在手机相册中找到该视频。

图 3-30　调整声音　　　　图 3-31　预览效果并下载视频

知识点 5
如何直播

抖音直播是指用户可以通过直播功能实时与观众进行交流互动，并分享自己的生活。只需一部可以稳定联网的手机，就能进行抖音直播，操作非常简单。

情境导入

智叔叔和慧阿姨都是老年大学的教师。最近，慧阿姨听学员说智叔叔开通了抖音直播，可以在线和学员沟通交流，特别方便，积累了很多粉丝。

慧阿姨请教智叔叔："智叔叔，听说你最近在抖音上直播课程。我也想学习一下，你能教教我吗？"

智叔叔说："可以的，非常简单。你跟着我一起操作一遍就能学会。"

具体步骤

第一步：找到并打开"抖音"，再点击最下方的第三个选项"+"。

第二步：点击右下方的"开直播"。

图 3-32　进入直播

第三步：点击下方的"美化"，让直播有美颜效果。用手指左右滑动滑动条，可以调节美颜效果。往右滑，美颜效果增强；往左滑，美颜效果减弱。

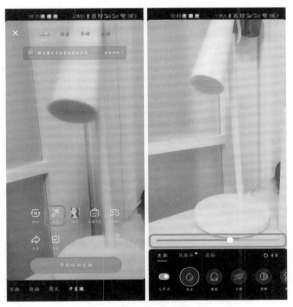

图 3-33　添加美颜

第四步：点击下方的"直播信息"，可以设置封面、标题以及开启位置等。这些信息有助于别人关注到你。

图 3-34　设置直播信息

第五步：点击下方的"分享"，可以将信息分享给别人，让别人观看你的直播。

图 3-35　分享直播

第六步：点击下方的"开始视频直播"，就可以开始直播了。

图 3-36　开始直播

图书在版编目（CIP）数据

老年人智慧生活. 进阶篇 / 上海市老年教育教材研发
中心编. — 上海：上海教育出版社，2023.10
ISBN 978-7-5720-2358-3

Ⅰ.①老… Ⅱ.①上… Ⅲ.①人工智能－应用－生活
－老年教育－教材 Ⅳ.①TP18

中国国家版本馆CIP数据核字(2023)第205898号

责任编辑　袁　玲
封面设计　王　捷

老年人智慧生活进阶篇
上海市老年教育教材研发中心　编

出版发行　上海教育出版社有限公司
官　　网　www.seph.com.cn
地　　址　上海市闵行区号景路159弄C座
邮　　编　201101
印　　刷　上海展强印刷有限公司
开　　本　700×1000　1/16　印张 7.25
字　　数　85 千字
版　　次　2023年10月第1版
印　　次　2023年10月第1次印刷
书　　号　ISBN 978-7-5720-2358-3/G·2087
定　　价　45.00 元

如发现质量问题，读者可向本社调换　电话：021-64373213